1 Lege die Burg mit Geoplättchen nach. Färbe die einzelnen Flächen wie die Geoplättchen.

2 Zeichne diese Burg in drei verschiedenen Größen in das Gitterfeld.
Eine Hälfte vom linken Turm ist schon gezeichnet.

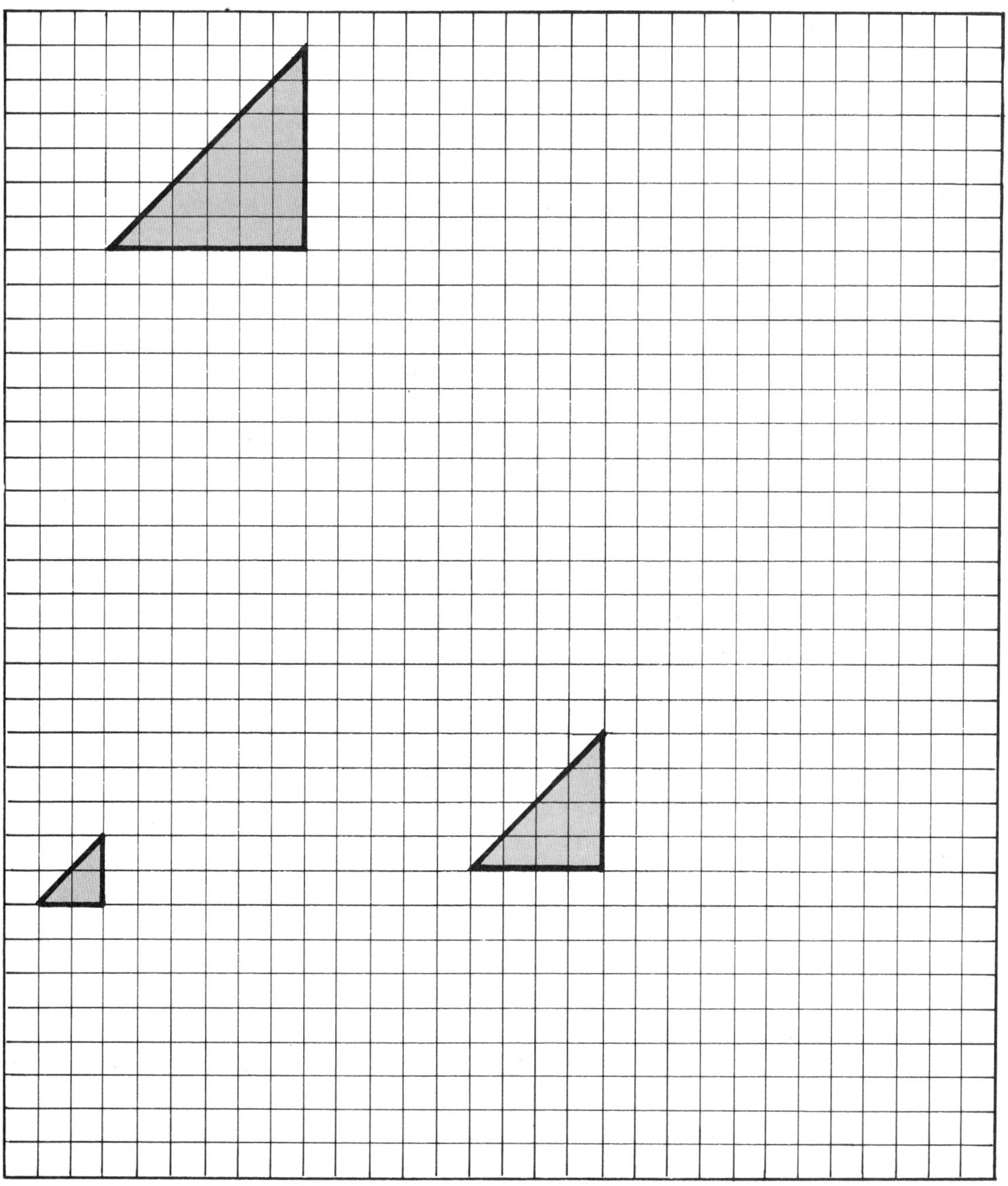

1 Lege mit deinem Nachbarn die abgebildeten Figuren mit Geoplättchen nach.

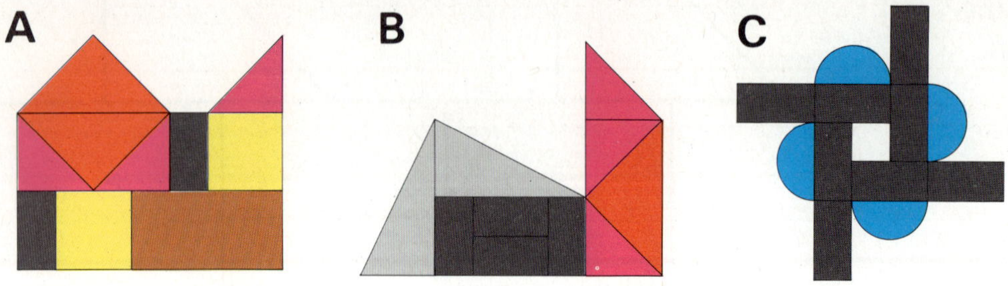

2 Zeichne die Figuren A, B und C vergrößert in das Gitterfeld.

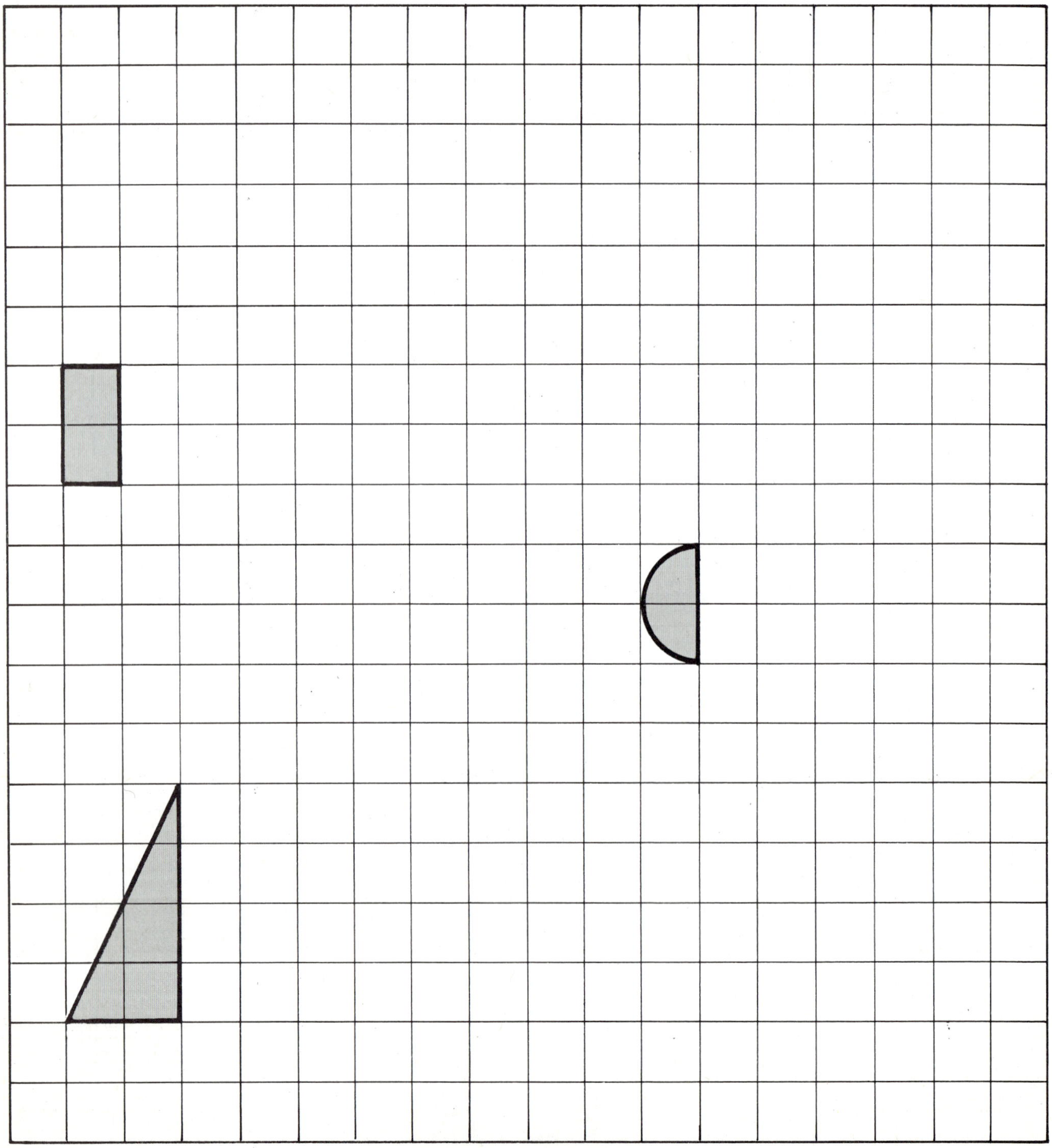

Lege auf dem Spielplan verschiedene Figuren aus jeweils 4 gelben Quadraten.

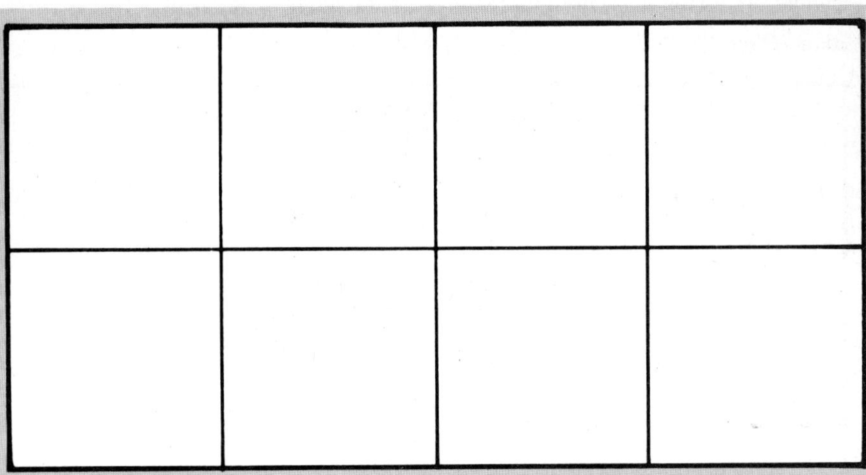

Zeichne die gefundenen Figuren verkleinert in das Gitterfeld.

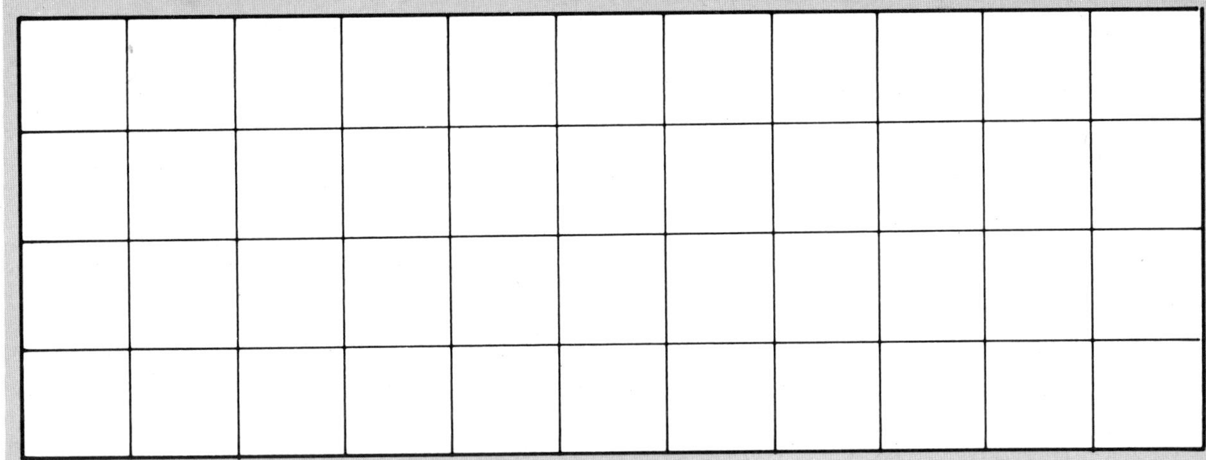

Lege auf dem Spielplan verschiedene Figuren aus jeweils 5 grünen Dreiecken.

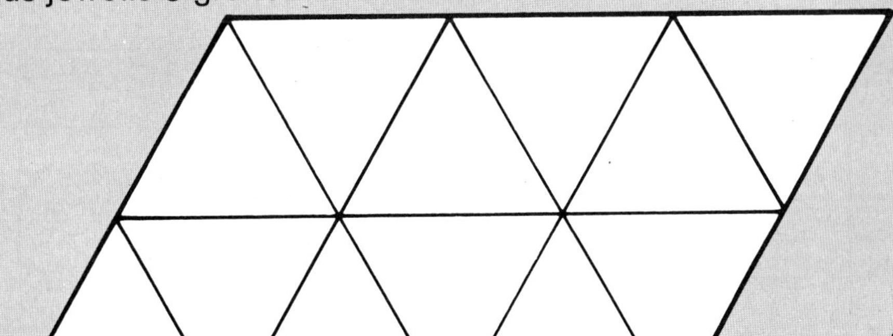

Zeichne die gefundenen Figuren verkleinert in das Gitterfeld.

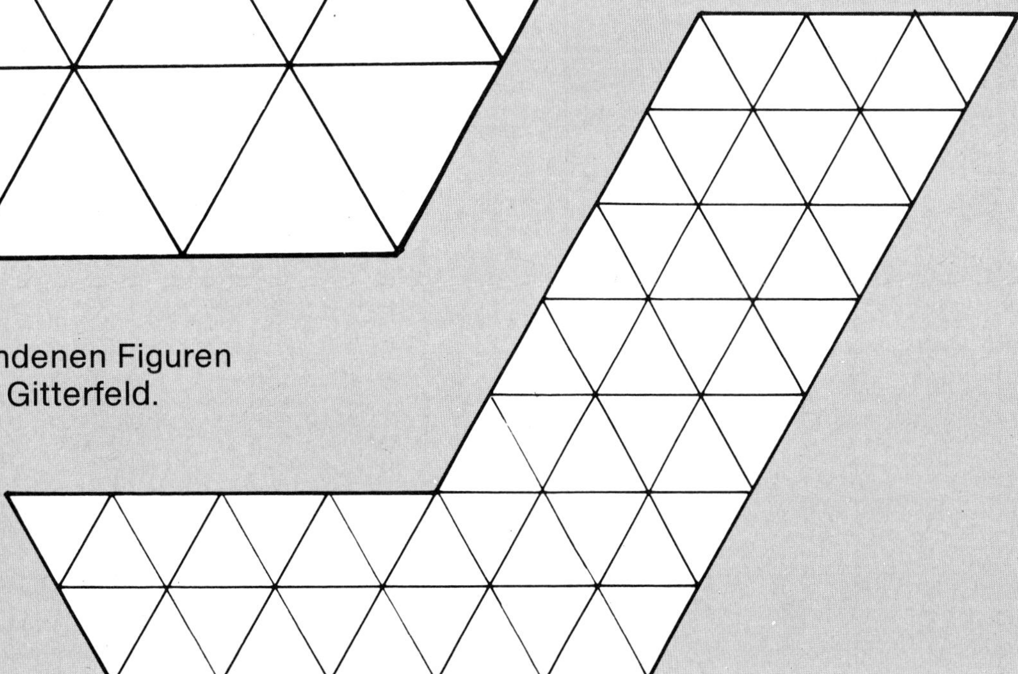

Lege auf dem Spielplan verschiedene Figuren
aus jeweils 5 gelben Quadraten.

Zeichne die gefundenen Figuren verkleinert in das Gitterfeld.

Lege auf dem Spielplan verschiedene Figuren
aus jeweils 6 grünen Dreiecken.

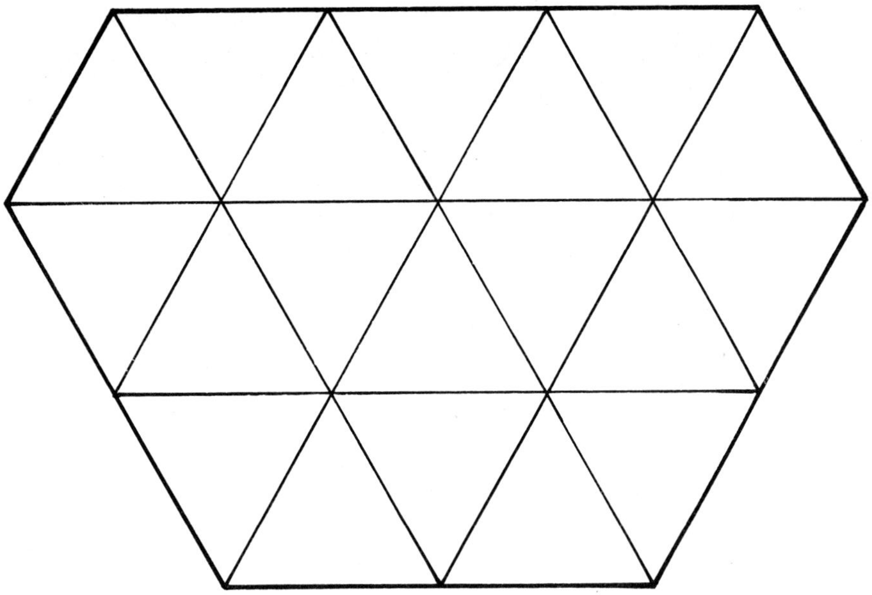

Zeichne die gefundenen Figuren verkleinert in das Gitterfeld.

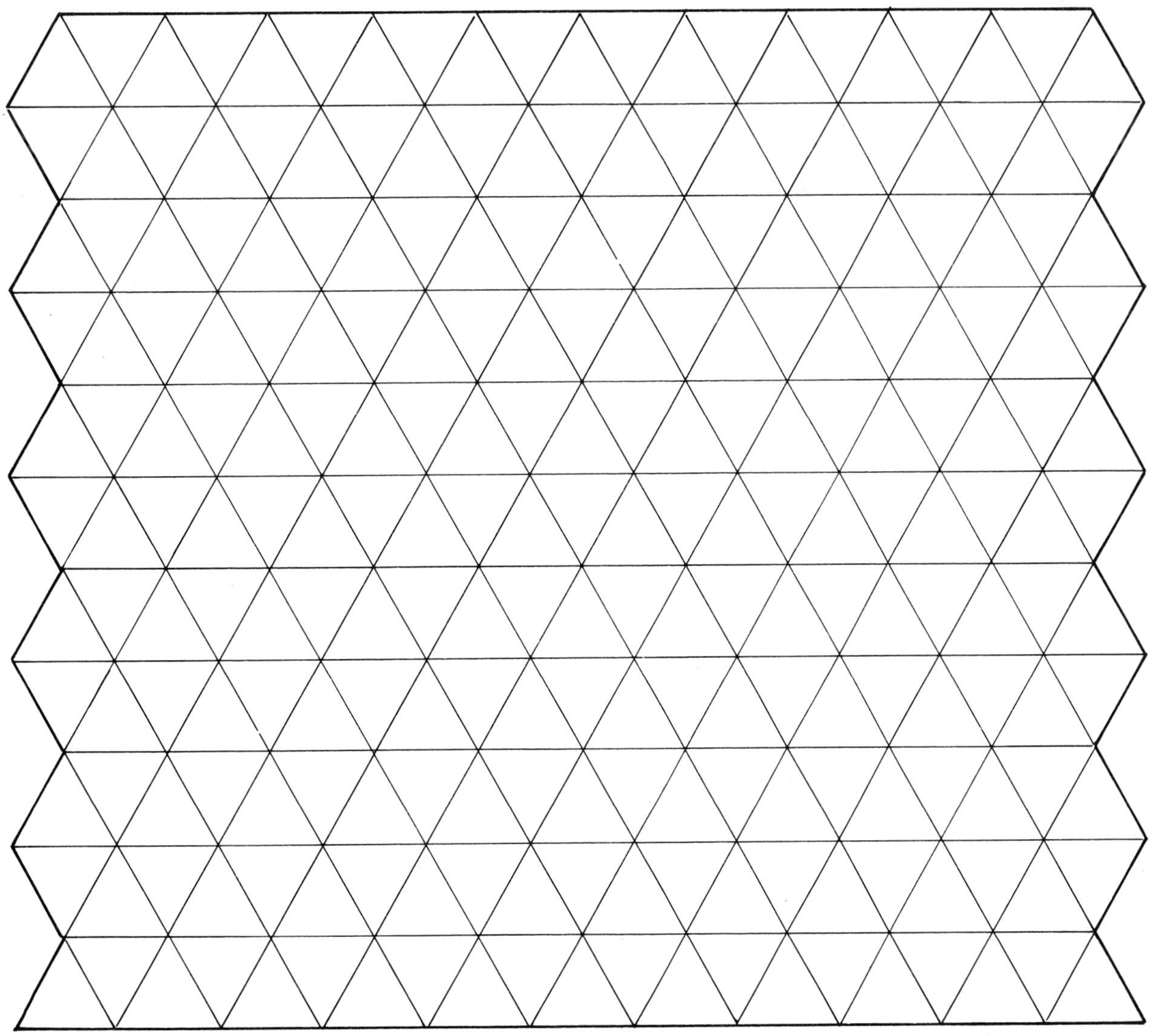

Lege das Haus mit Geoplättchen nach.
Ziehe in der Zeichnung die Gitterlinien durch.

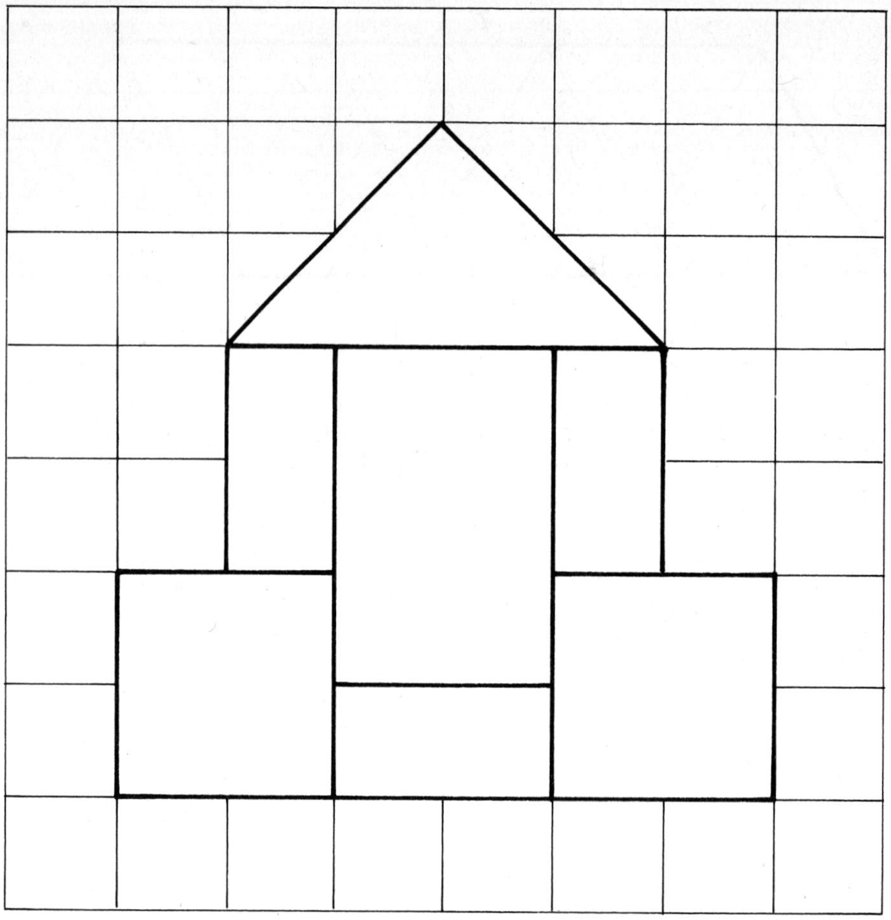

Zeichne das Haus verkleinert in die beiden Gitterfelder.
Färbe die einzelnen Flächen wie die Geoplättchen.

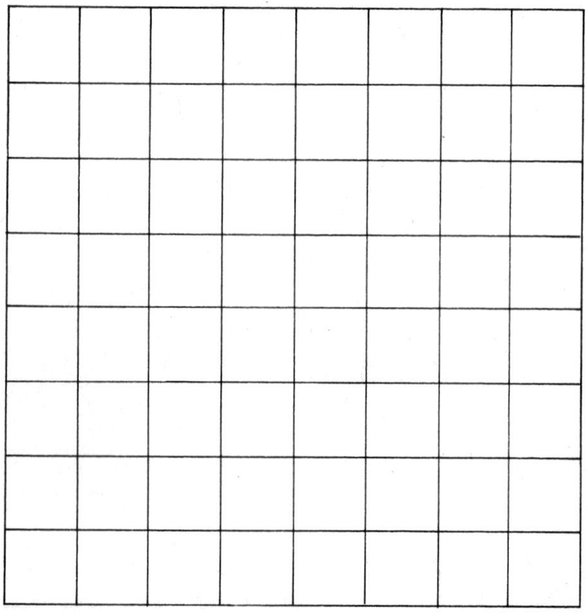

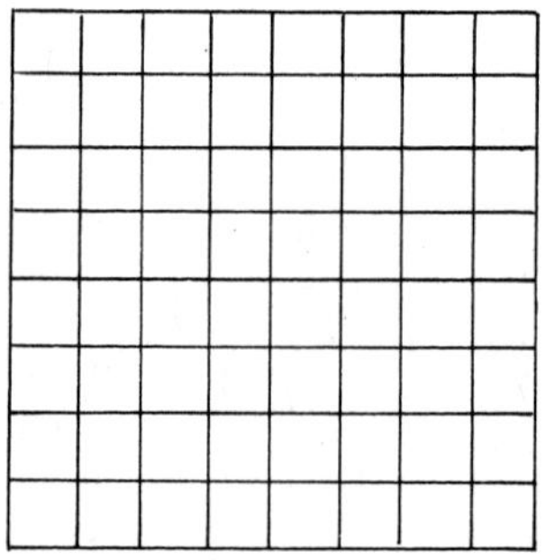

Vergleiche die drei Zeichnungen: Was ist gleich? Was ist anders?

1 Lege das Haus mit Geoplättchen aus.
Färbe die einzelnen Flächen wie die Geoplättchen.

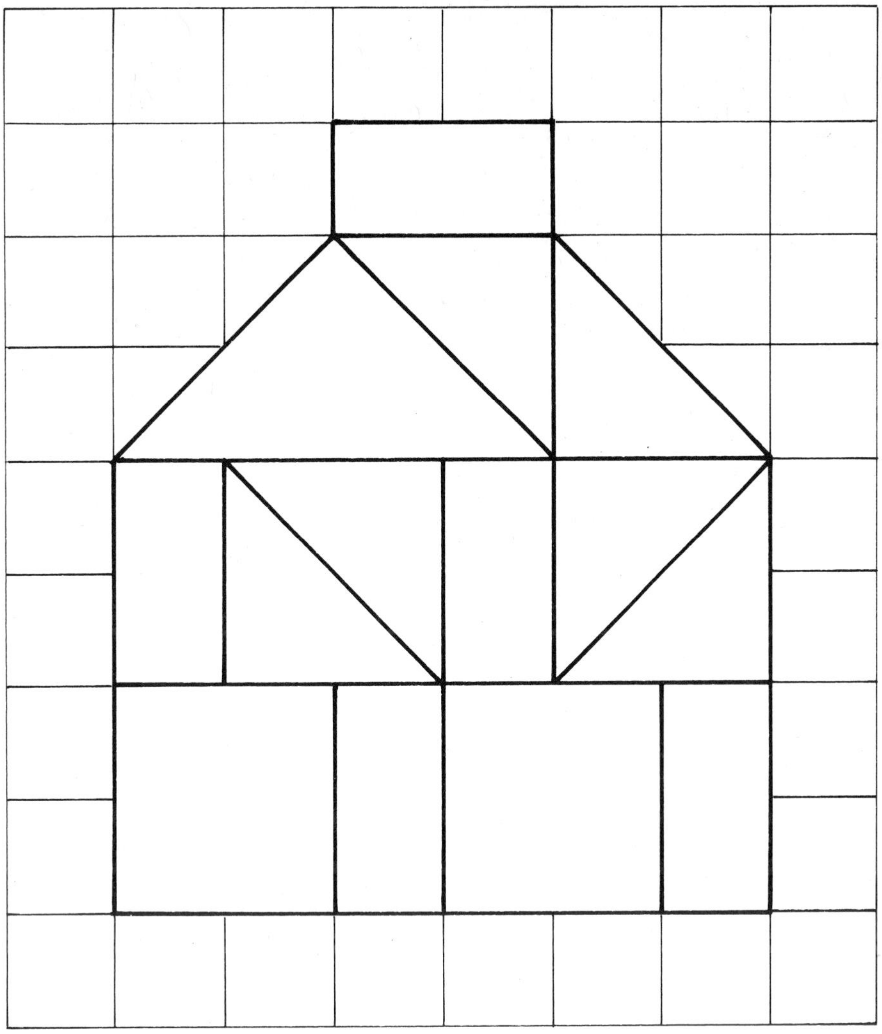

2 Welche Verkleinerung passt zum großen Bild? Lege mit Geoplättchen nach und vergleiche.

A

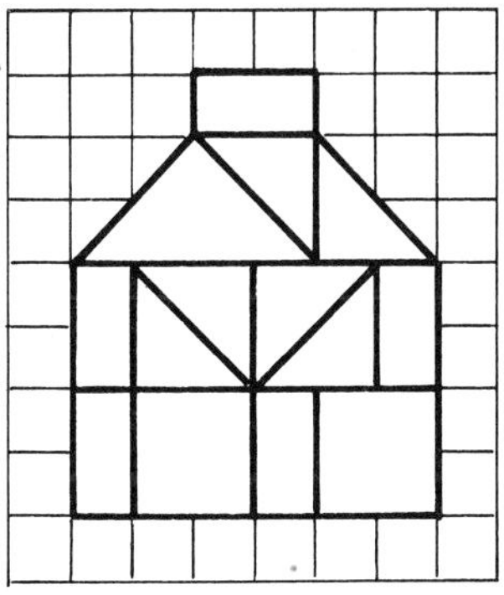

B

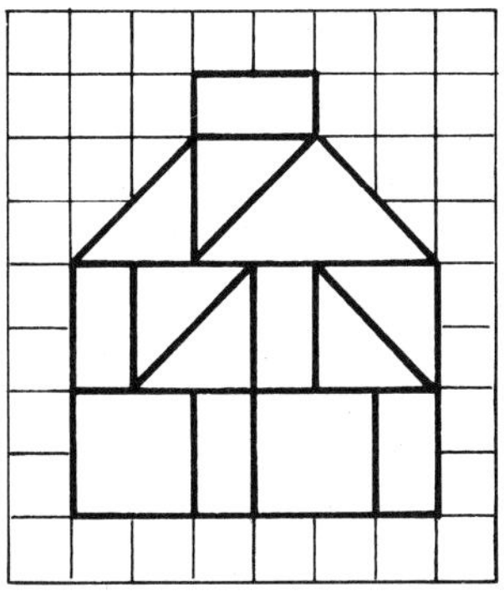

C

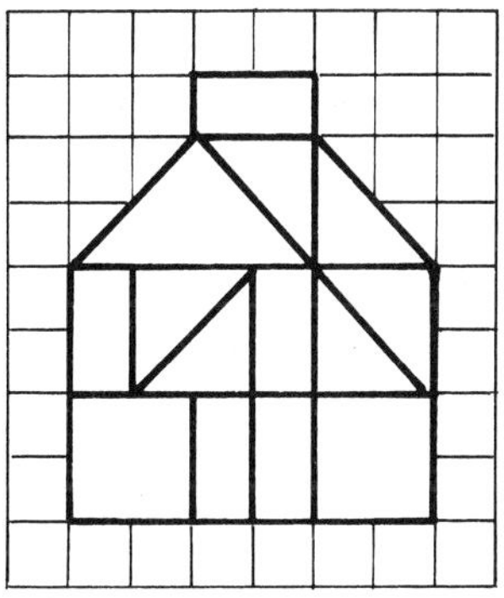

D

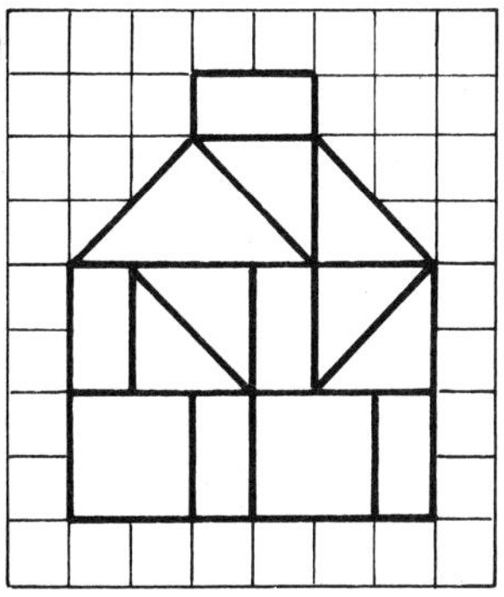

1 So kannst du die Geoklötze in einen Bauplan einzeichnen:

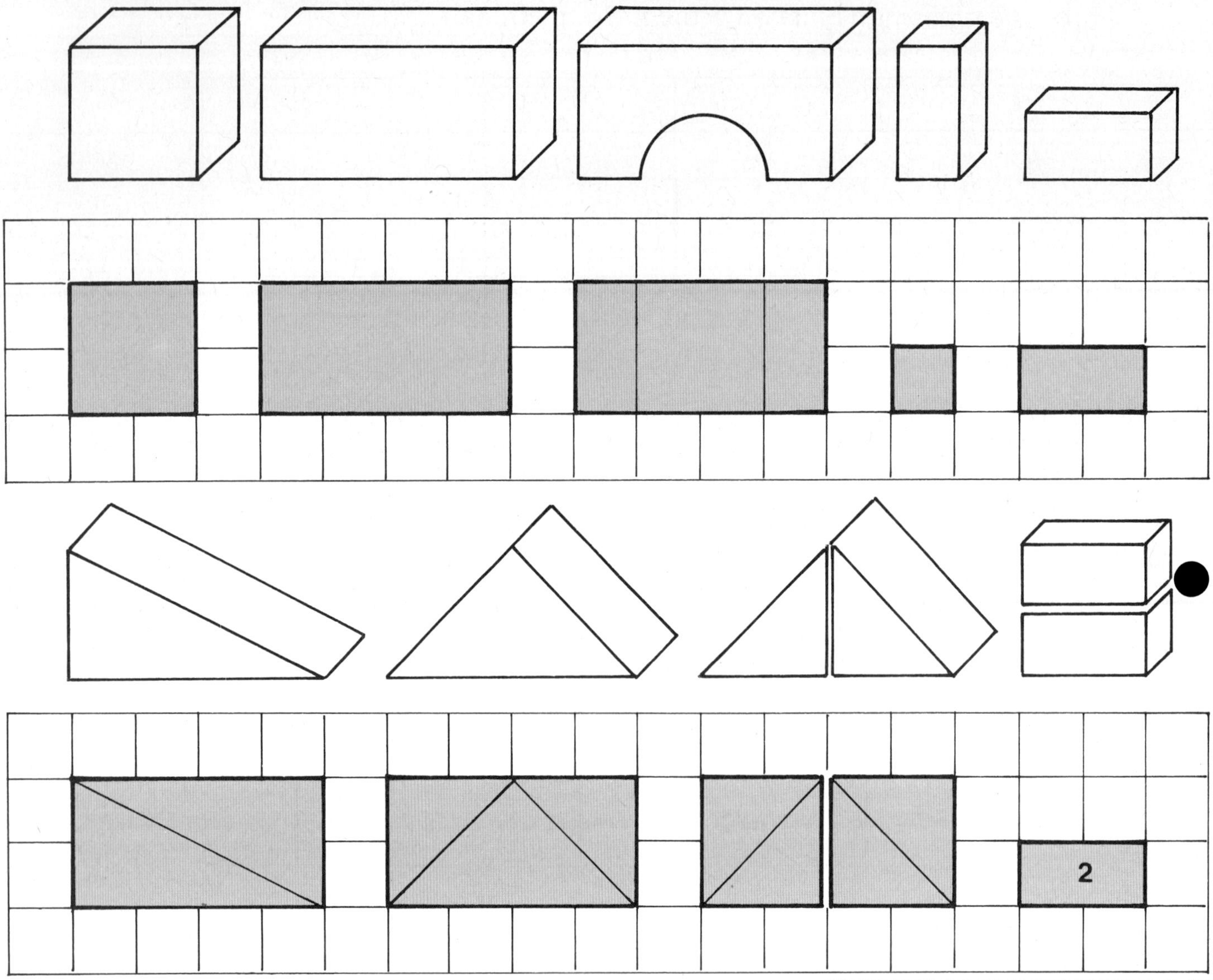

2 Baue das Haus mit Geoklötzen nach.

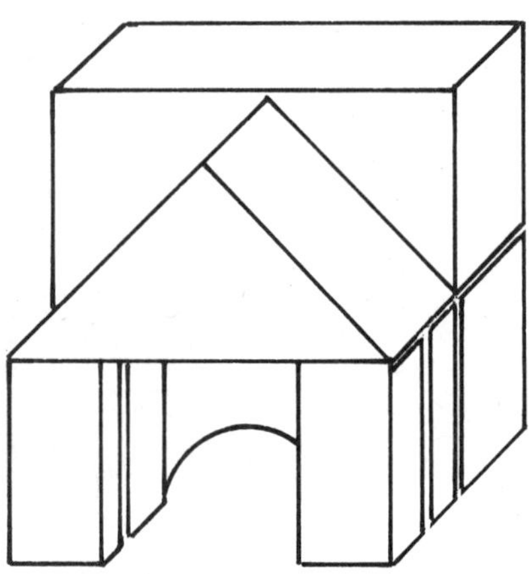

2. Schicht (oben)

1. Schicht (unten)

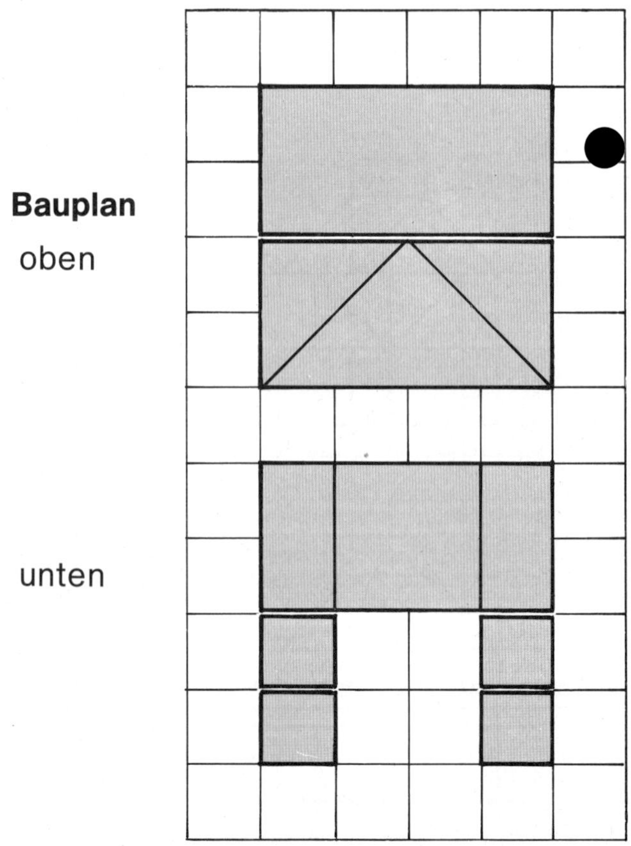

1 Dies ist der Bauplan von einem Haus.
Baue das Haus mit Geoklötzen nach.

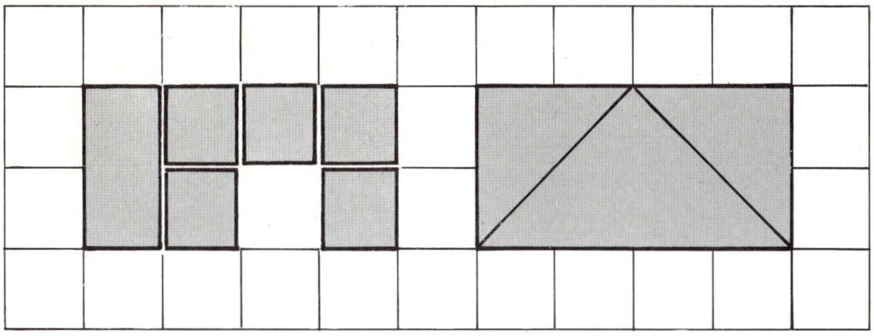

untere Schicht — obere Schicht

2 Vergleiche dein Haus mit den Bildern von den Hausansichten.

von hinten

von vorne

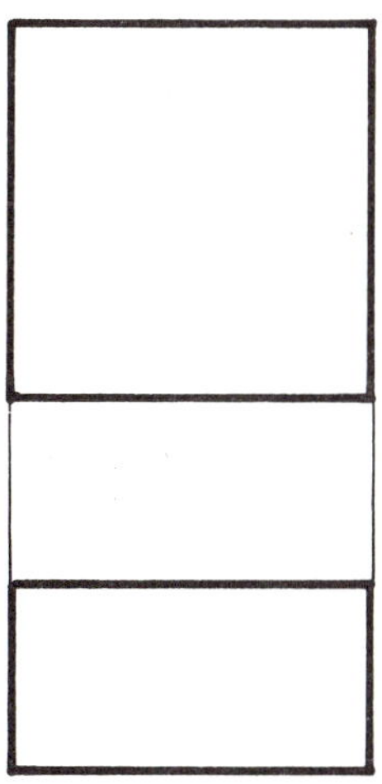

von links

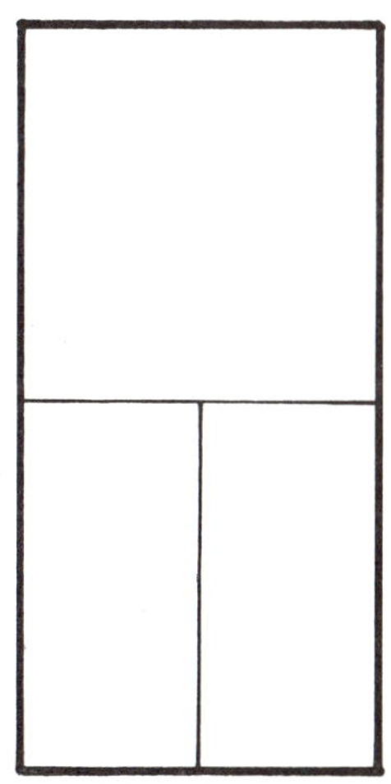

von rechts

3 Kannst du alle Hausansichten mit Geoplättchen auslegen?

Zu dem Haus auf dem Foto gibt es
vier Baupläne.
Baue mit Geoklötzen.

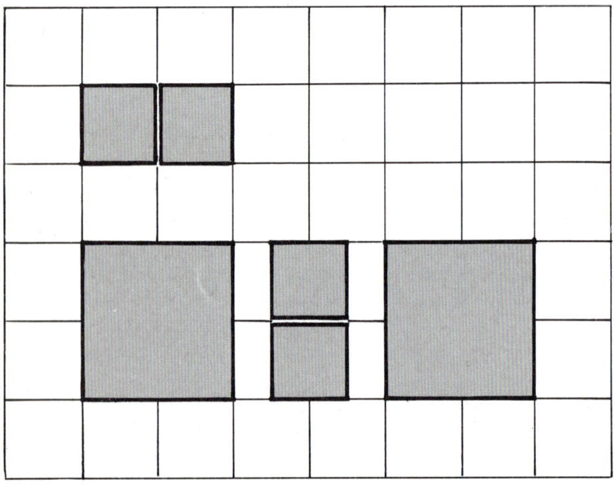

Bauplan für die untere Schicht

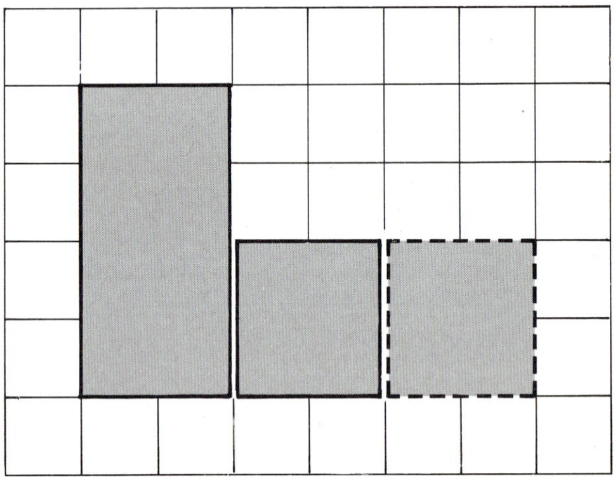

Bauplan für die zweite Schicht

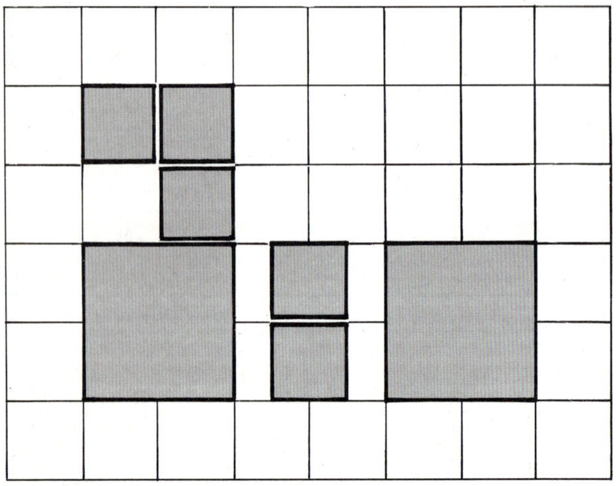

Bauplan für die dritte Schicht

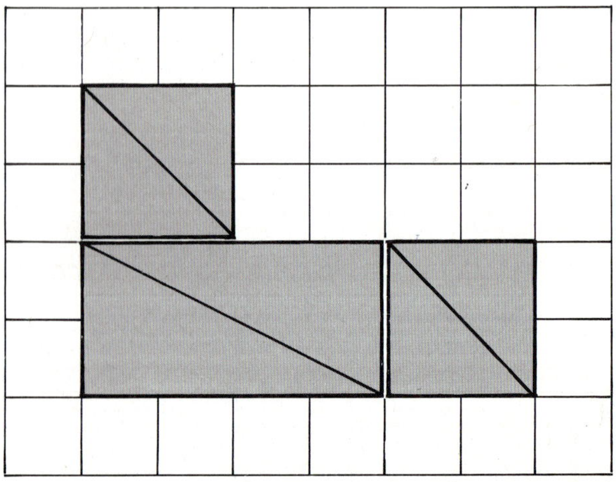

Bauplan für die obere Schicht

Die vier Bilder zeigen Ansichten zu dem Haus von Seite 10.
Wo stehst du, wenn das Haus aussieht wie Bild A, B, C oder D?
Lege die Figuren mit Geoplättchen aus, zeichne die Formen ein und färbe die Flächen.

A

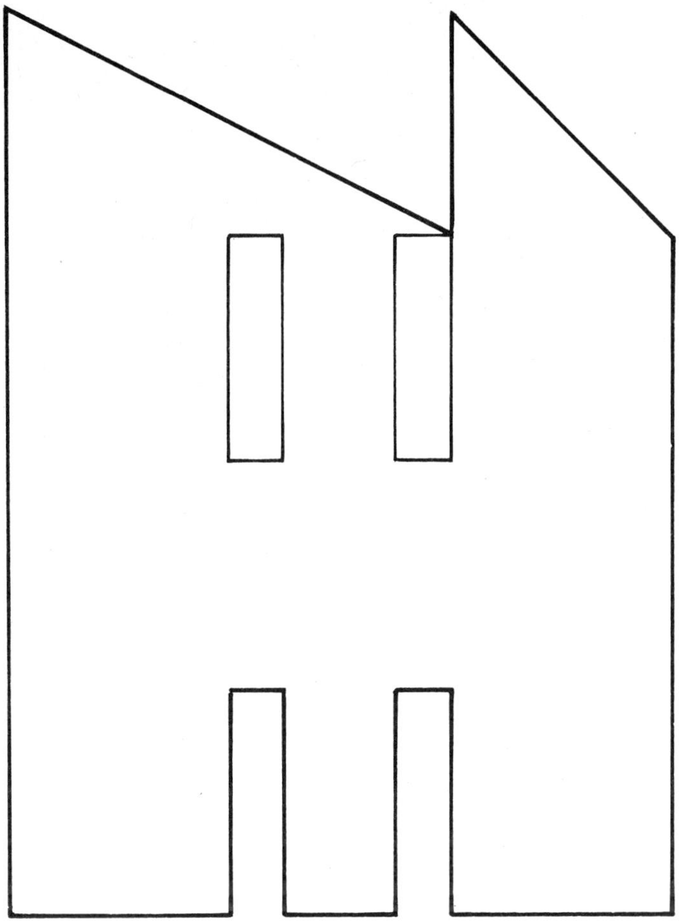

B

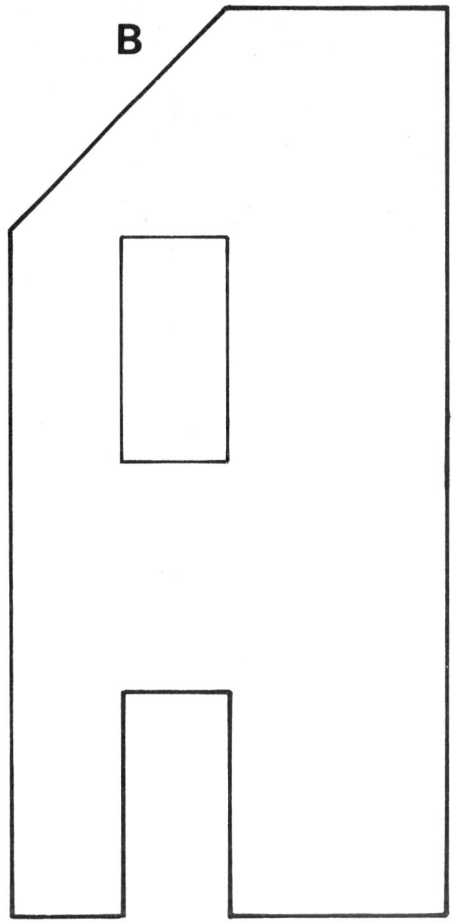

C

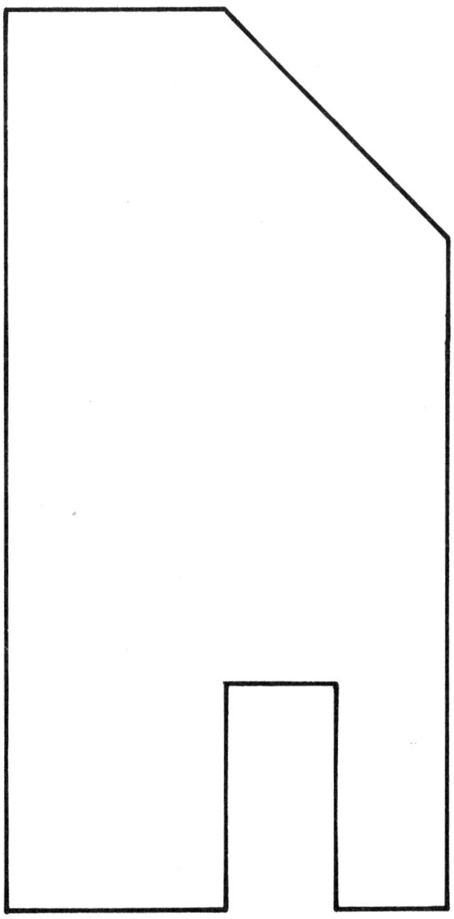

D

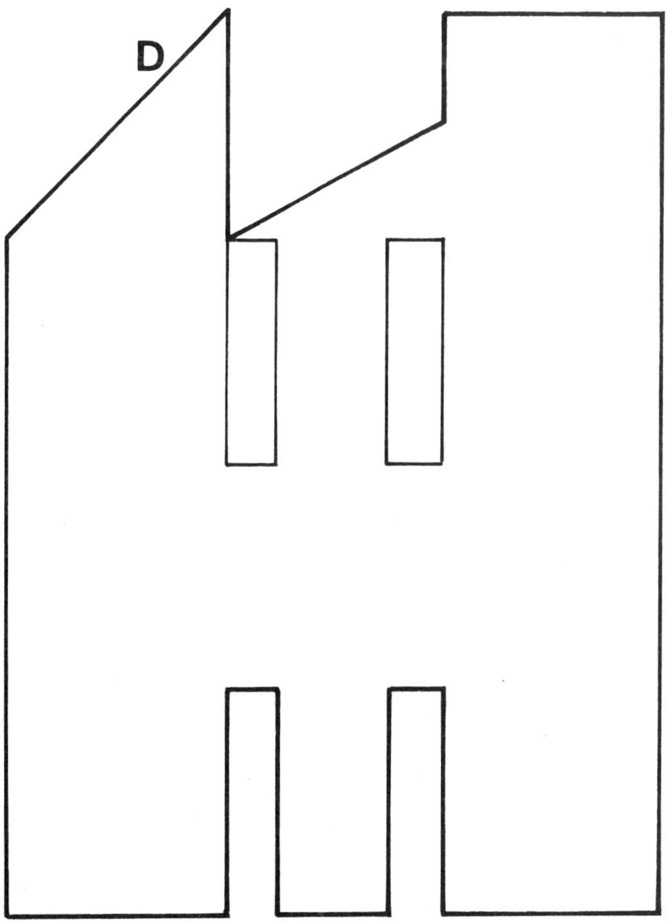

Baue die Kirche mit Geoklötzen.
Die zwei Bilder mit den Ansichten von der Kirche
und die vier Baupläne helfen dir bei der Lösung.

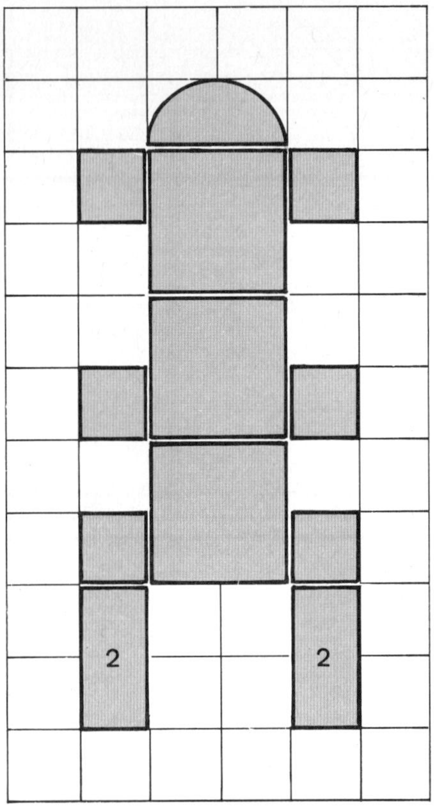

1. Schicht (unten)

von vorne

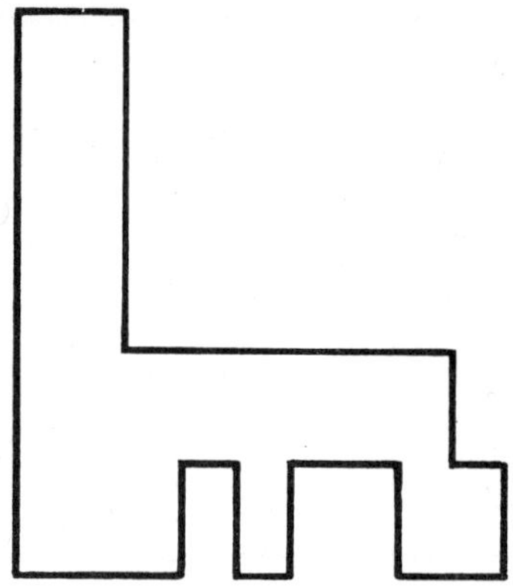

von der Seite

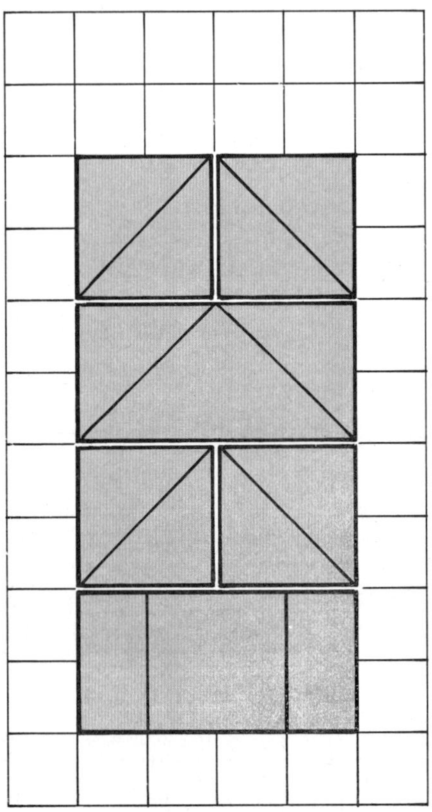

2. Schicht

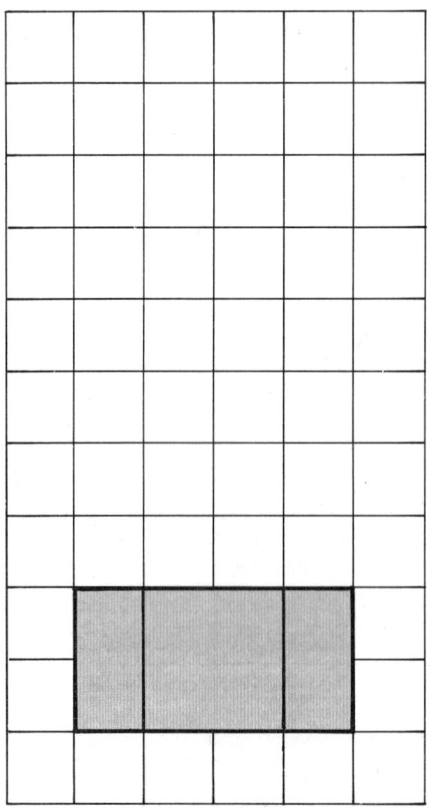

3. Schicht

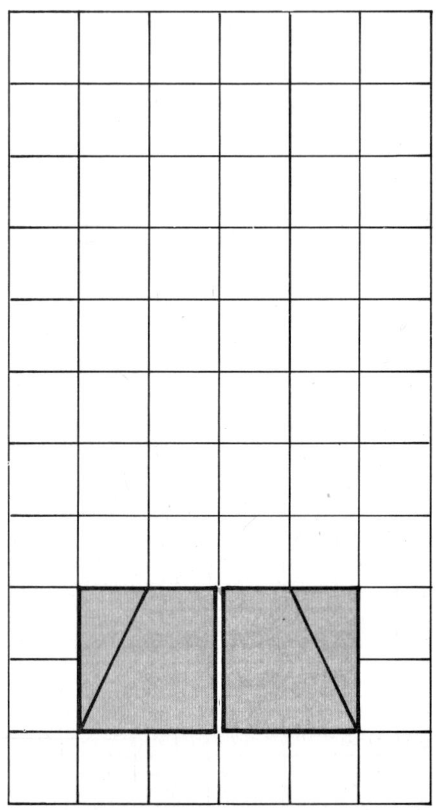

4. Schicht (oben)

Baue Häuser mit den Geoklötzen
und zeichne Baupläne in das Gitterfeld ein.

Baue und lege nach diesem Bild.

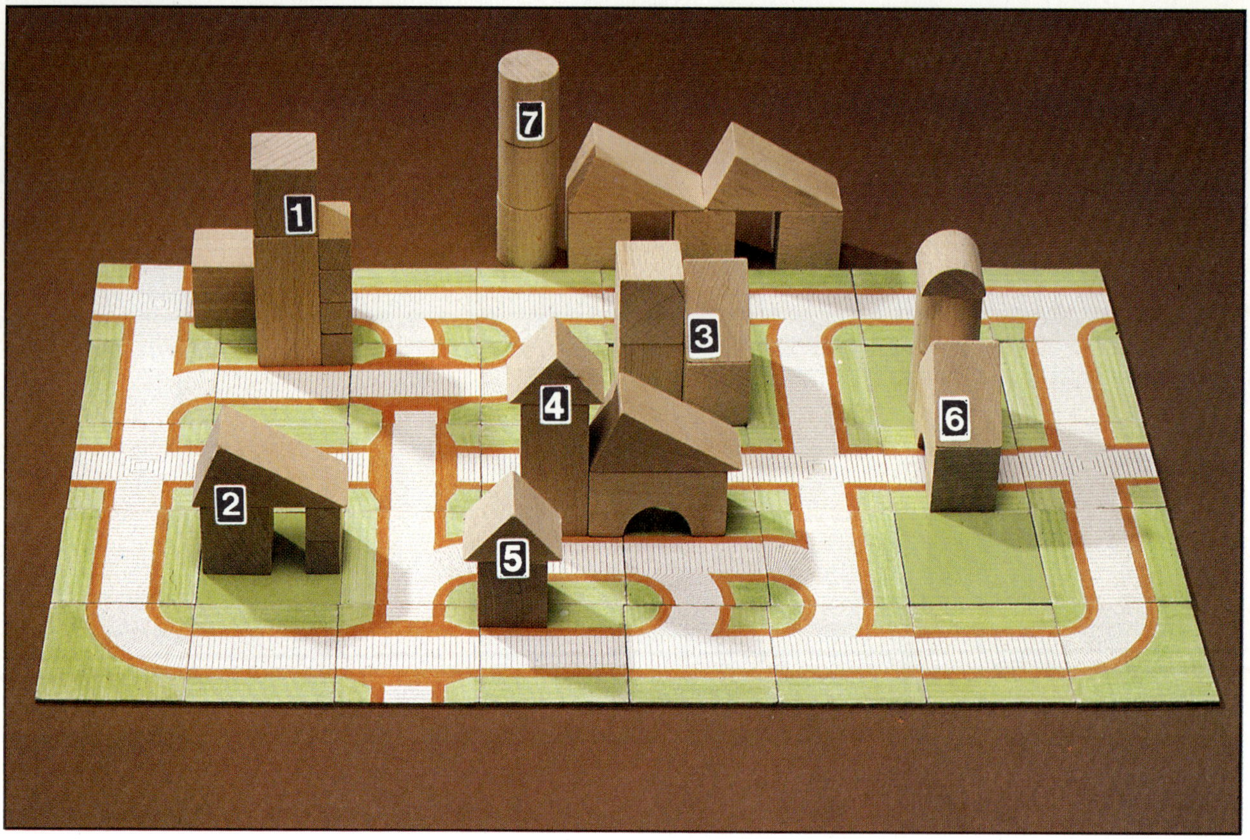

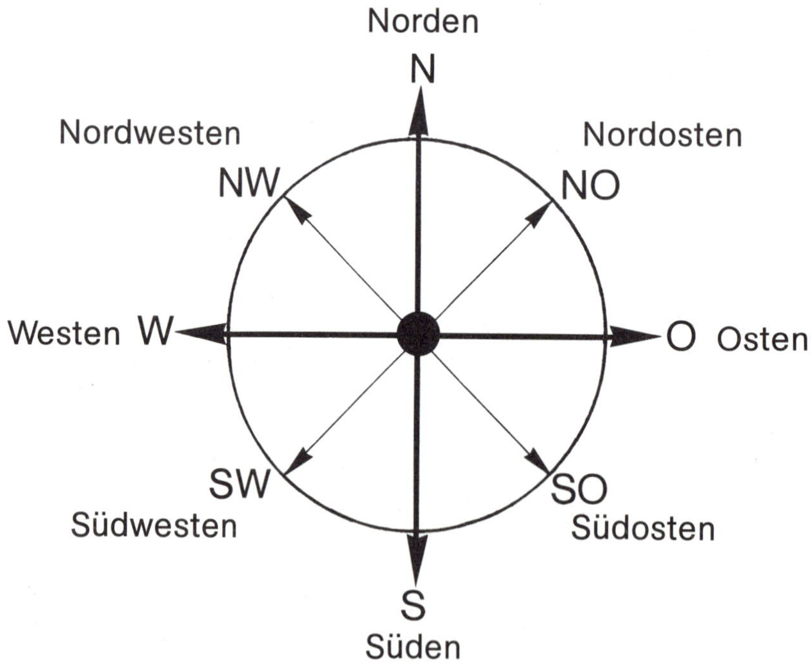

Die Fabrik [7] liegt ______________________ von Geostadt.

Das Stadttor [6] liegt ______________________ von Geostadt.

Vom Stadttor führt eine Straße in westlicher Richtung vorbei an den

Häusern ______________________.

Südwestlich von [ ] liegt die Tankstelle [2].

1 Im Norden von der Kirche steht Haus 7.

In welchen Himmelsrichtungen stehen die anderen Häuser? Beschreibe die Lage der Häuser und trage die Hausnummern ein.

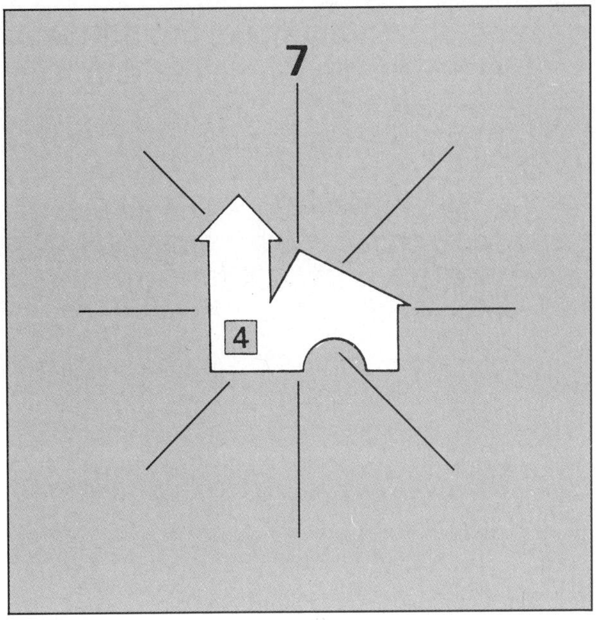

2 Beschreibe, in welchen Himmelsrichtungen die anderen Häuser stehen. Trage die Hausnummern ein.

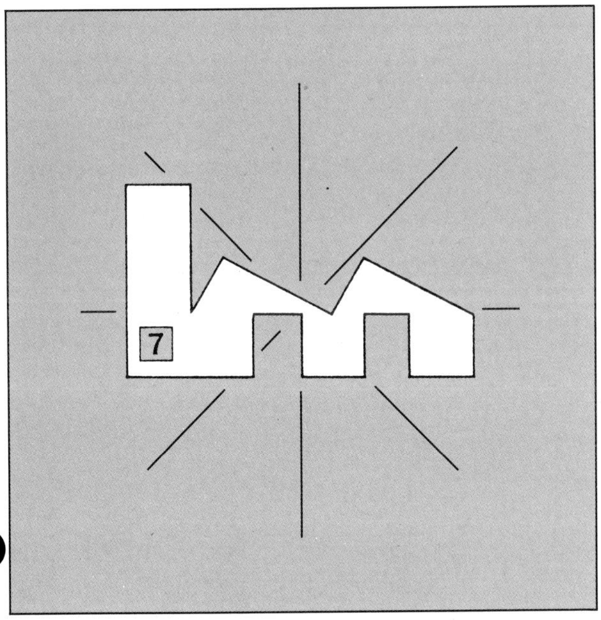

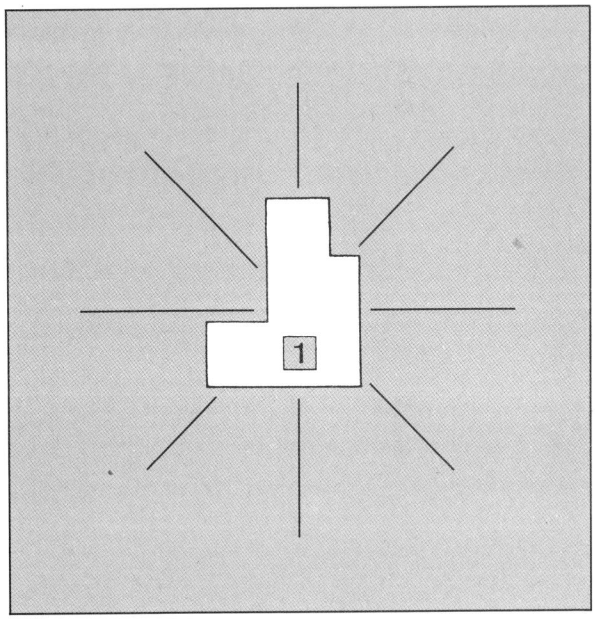

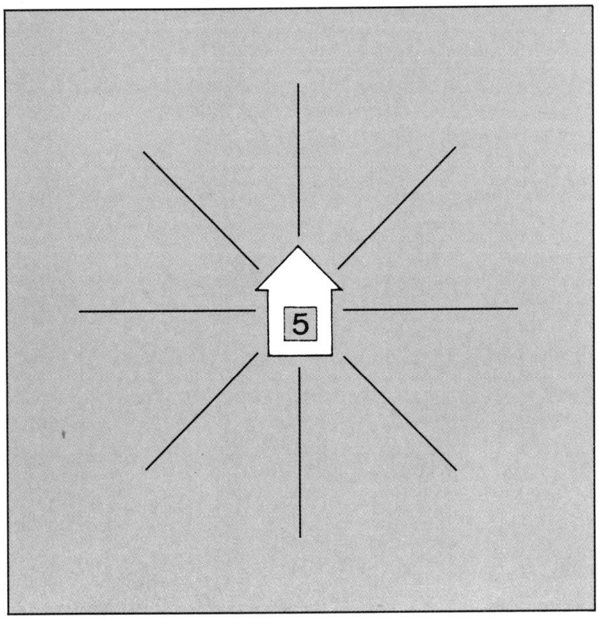

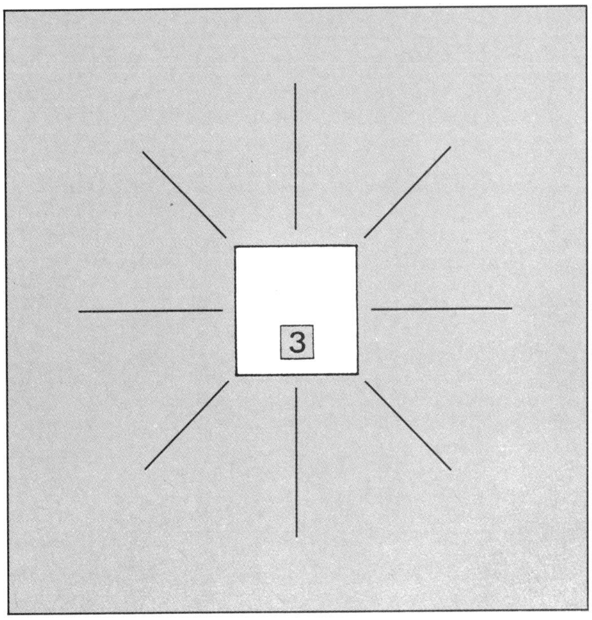

1 Lege den Straßenplan mit Straßenkärtchen nach.
Beschreibe die Planfelder durch Zahlen- und Buchstabenschilder.

2 Welches Straßenkärtchen liegt im Planfeld C 5 ?

3 In welchen Planfeldern liegen:

Kurven	F 1									
Kreuzungen										
Abzweigungen										
Überführungen										

1 Ordne die Gebäude in den Straßenplan ein.

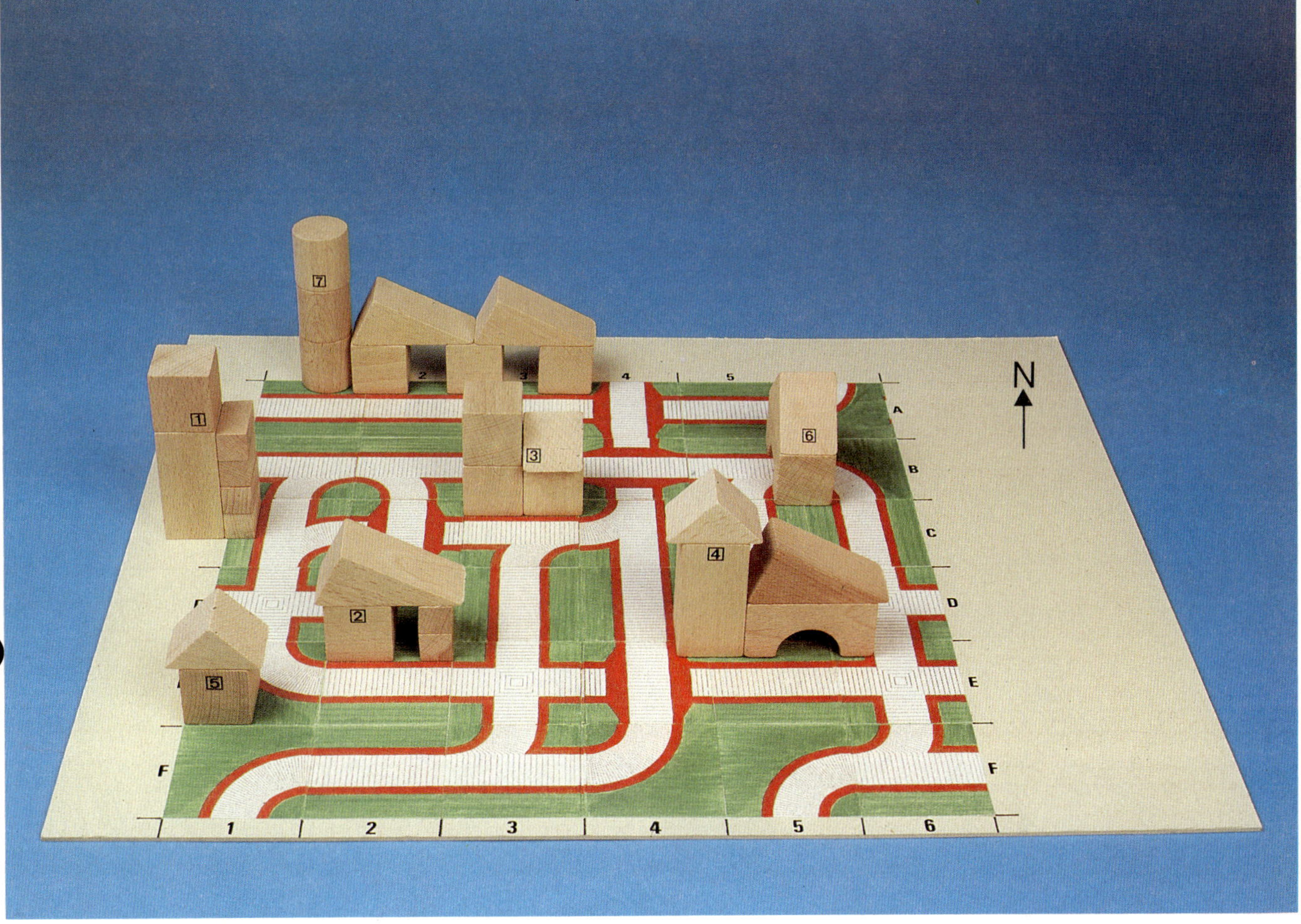

2 In welchen Planfeldern stehen die Gebäude?

1 Hochhaus	2 Tankstelle	3 Post	4 Kirche	5 Bäckerei	6 Stadttor	7 Fabrik
C 1						

3 Olaf startet mit seinem Fahrrad am Hochhaus. Sein Weg führt über drei Planfelder. Bei welchem Gebäude kommt er an?

1 →	→	→	☐
C 1			

4 Herr Schulz arbeitet in der Fabrik. Auf seinem Heimweg in den Süden von Geostadt überquert er zwei Kreuzungen. An der dritten Kreuzung biegt er rechts ab. Trage den Fahrtweg in die Tabelle ein.

A 2														

5 Ursel hat das Stadttor erreicht. In der Tabelle steht, wie sie gefahren ist. Wo ist sie gestartet?

☐	rechts herum	gerade-aus	gerade-aus	rechts herum	gerade-aus	gerade-aus	gerade-aus	gerade-aus	☐
									B 6

Orientieren im Ortsplan

1 Trage nach den Lageangaben Straßen oder Gebäude in die Tabelle ein.

nördlich vom Dom	östlich vom Dom	südlich vom Dom	westlich vom Dom

2 Trage ein, über welche Planfelder die Straße verlaufen:

Sögestraße										
Violenstraße										
Martinistraße										

78

3 In welchen Planfeldern findest du Parkhäuser?

4 Beschreibe die Wege vom Martini-Anleger zur Post, vom Rathaus zur Mühle.

Auf diesen Straßen darfst du nur in einer Richtung fahren. Verkehrszeichen schreiben die Richtung vor. Es gibt keinen Gegenverkehr.

1 Beschreibe die Verkehrszeichen und färbe sie.

2 Wie kannst du über die einzelnen Straßenkärtchen in einer Richtung fahren? Zeichne Fahrtverläufe ein.

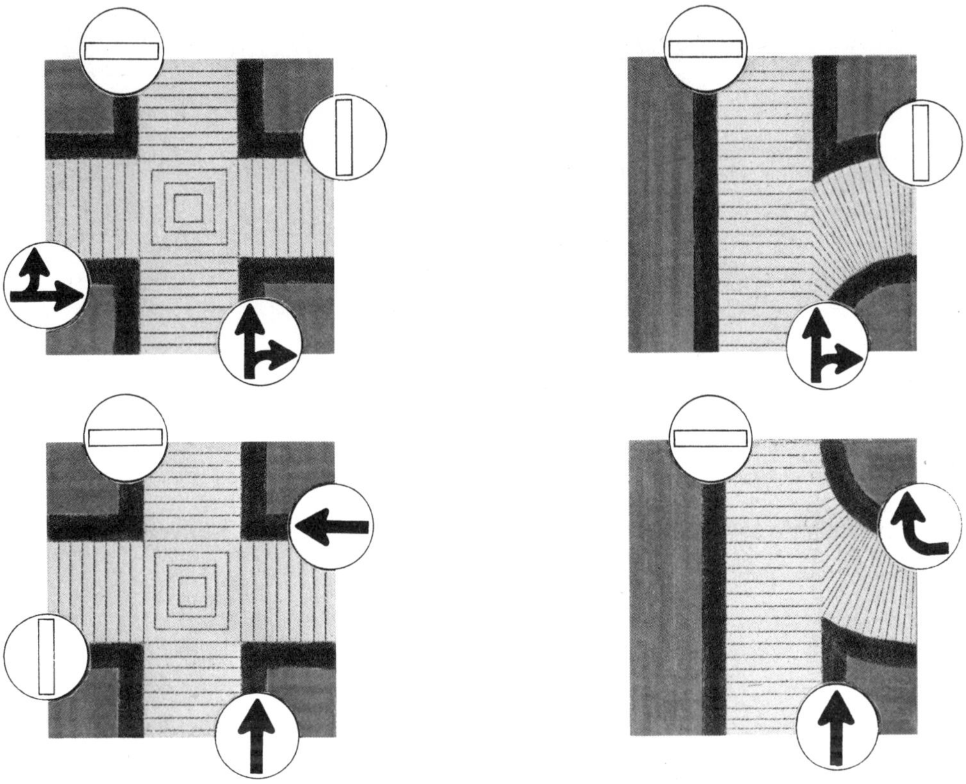

3 Lege mit den Straßenkärtchen den Plan so nach, wie es die Verkehrszeichen angeben.

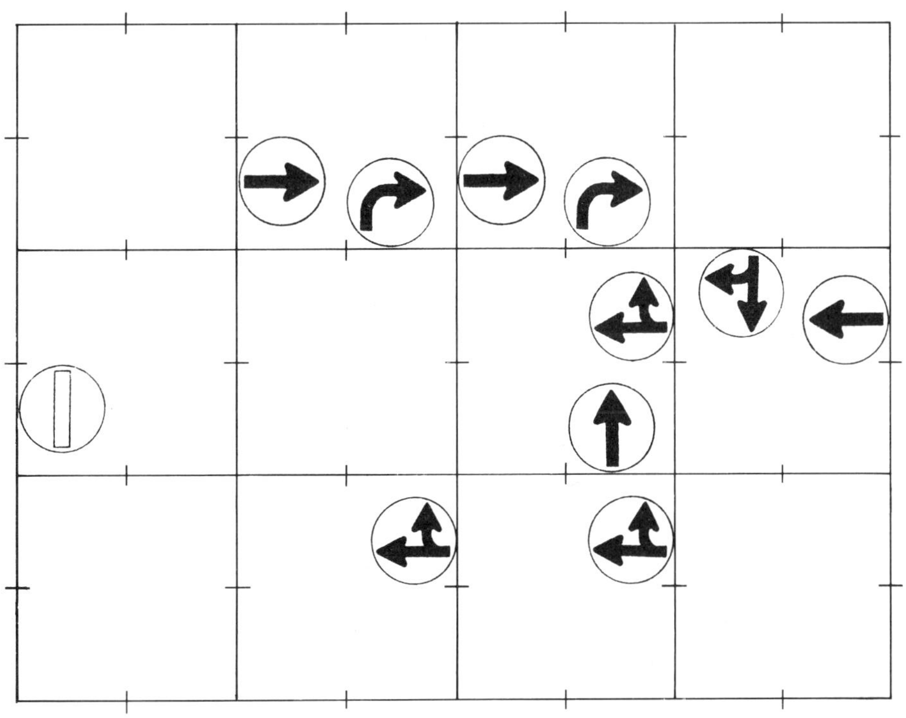

4 Zeichne Fahrtmöglichkeiten in den Straßenplan ein.

1 Lege nach den Verkehrszeichen einen Plan für Straßen ohne Gegenverkehr.
Trage alle Fahrtmöglichkeiten als Wegeplan ein.

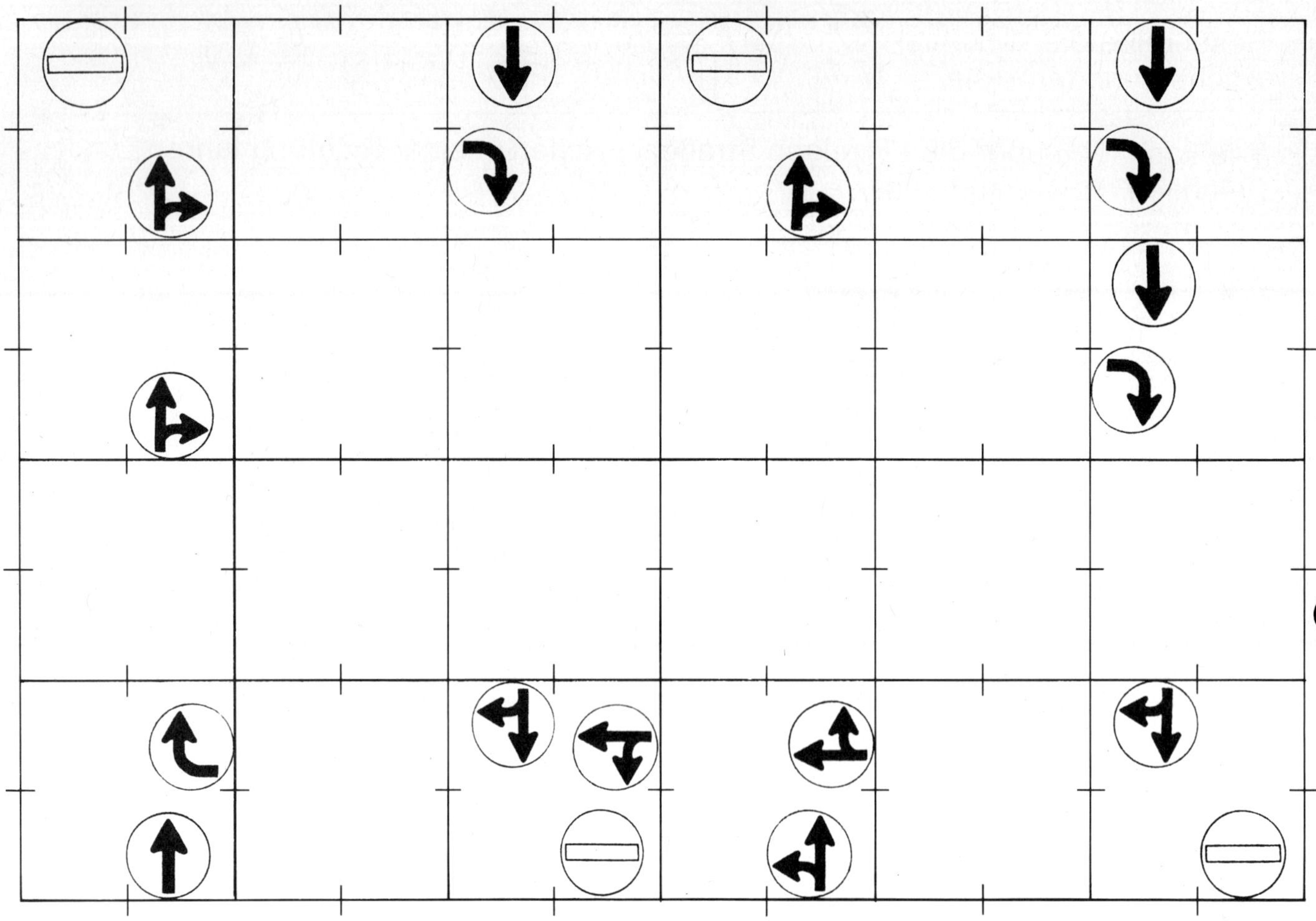

2 Diese Planfelder passen zur Aufgabe 1.
Zeichne die Wege vom Start ▶ zum Ziel □ ein.
Beschreibe die Wege durch die Planfelder.

	1	2	3	4	5	6
A						
B					□	
C			▼			
D						

	1	2	3	4	5	6
A						
B					▶	
C			□			
D						

	1	2	3	4	5	6
A					□	
B						
C	▲					
D						

	1	2	3	4	5	6
A			▼	□		
B						
C						
D						

1 Lege mit deinem Nachbarn den Plan für Straßen ohne Gegenverkehr. Für eine Straße ist die Fahrtrichtung vorgegeben. Bestimme die Richtungen für die anderen Straßen. Scharfes Abbiegen ist verboten.

2 Zeichne in den Plan die Fahrtmöglichkeiten aus Aufgabe 1 ein. Zu den gefundenen Fahrtrichtungen müssen noch die Verkehrszeichen eingetragen werden.

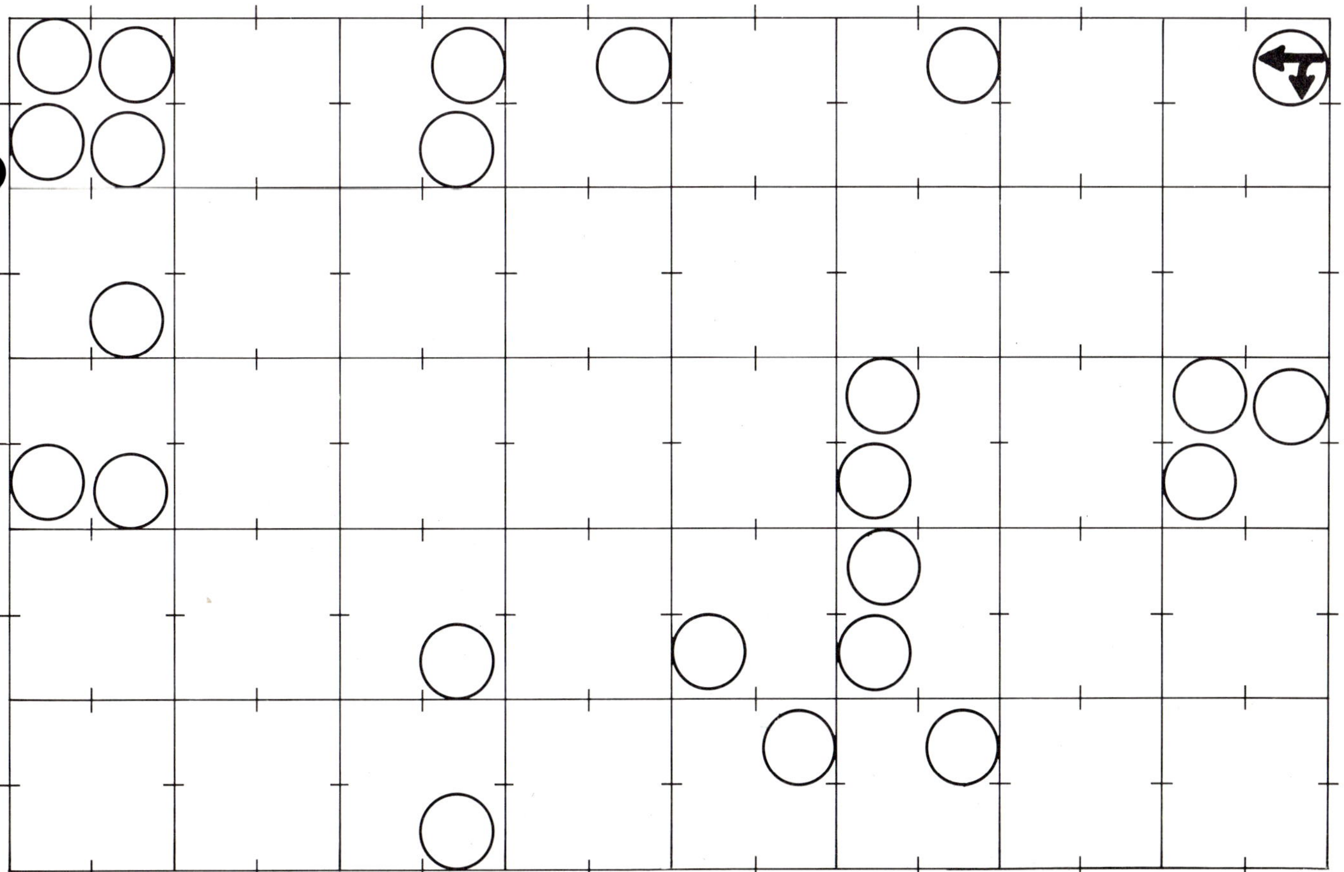

Autobahnen sind Straßen für Kraftfahrzeuge.
Sie haben keine Kreuzungen und keinen Gegenverkehr.

Hier wird die Autobahn 27
über die Autobahn 1 geführt.

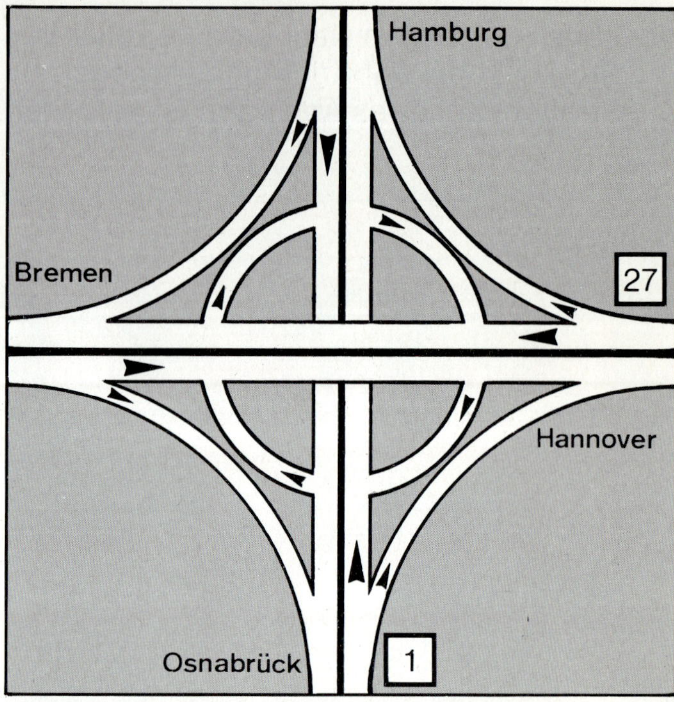

1 Untersuche die Fahrtmöglichkeiten.

2 Lege mit deinem Nachbarn die Autobahnüberführung. Ein Teil davon ist auf dem Foto zu sehen.
Bestimme die Fahrtrichtungen.

3 Ergänze den Wegeplan zur Autobahnüberführung.

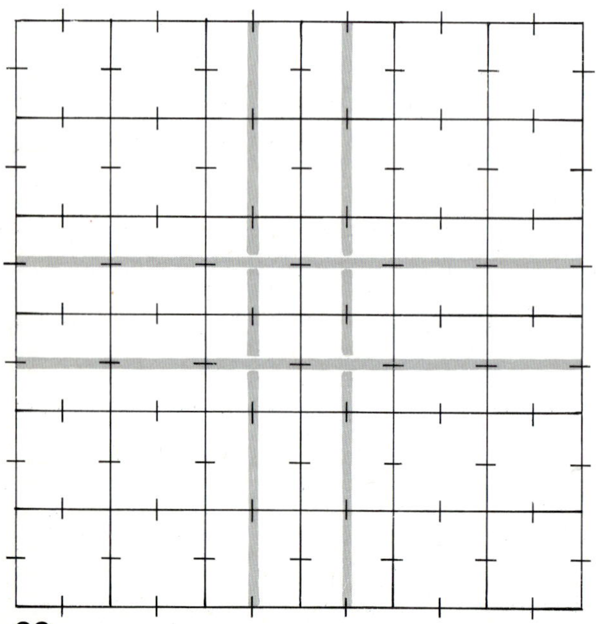

4 Über wie viele Planfelder führt der Weg aus Richtung ▶ in Richtung □?
Trage die Zahlen in die Tabelle ein.

▶ \ □	HB	HH	H	OS
Bremen	16			
Hamburg				
Hannover				
Osnabrück				

1 Lege mit Straßenkärtchen nach.
Wie viele „Gerade“ und wie viele „Kurven“ brauchst du?

2 Lege mit denselben Kärtchen andere Figuren so, dass wieder ein geschlossenes weißes Band entsteht.

3 Nimm 12 „Kurven“, 10 „Gerade“ und 2 „Überführungen“.
Lege damit geschlossene Bänder und ergänze die Zeichnungen.

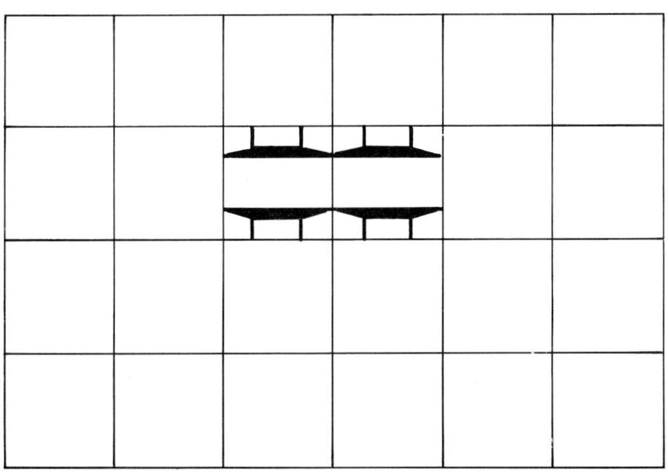

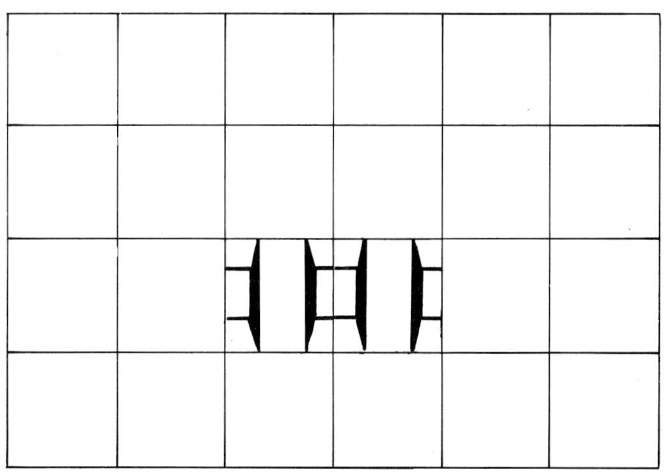

1 Lege den Straßenplan mit Straßenkärtchen.
Vergleiche den Straßenplan mit dem Netz.

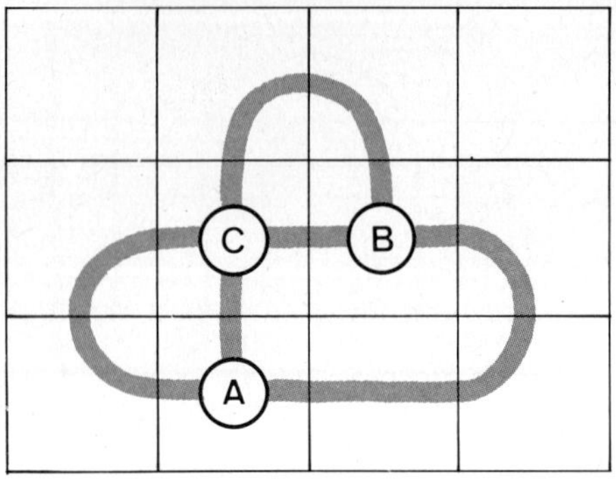

Das Netz hat als Verzweigungsstellen:

Ⓐ Ⓑ Ⓒ

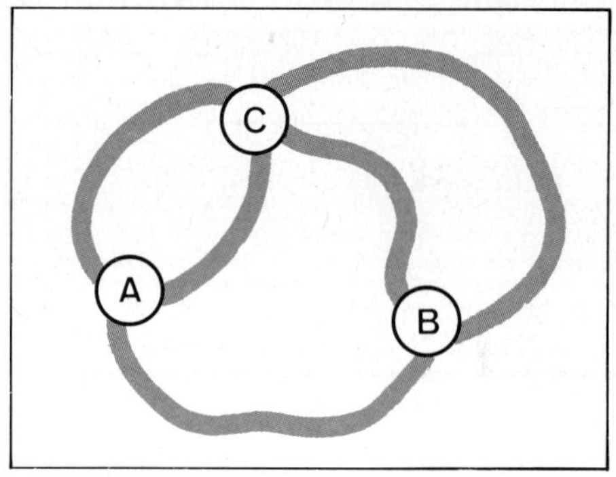

2 Kannst du Netz und Straßenplan in einem Zug durchlaufen?

3 Lege passend zu den Netzen Straßenpläne und zeichne sie auf.

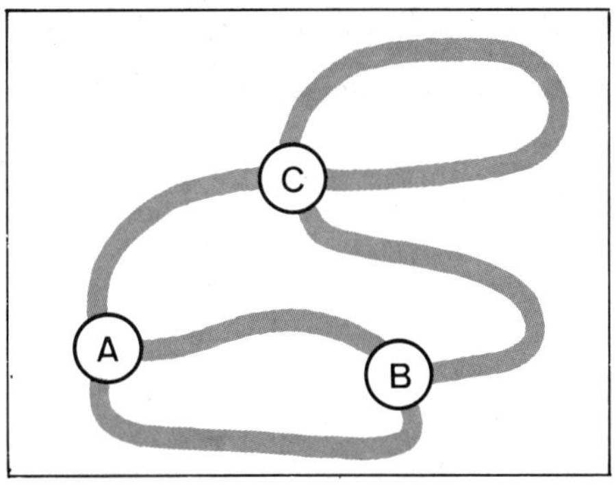

Welche Verzweigungsstellen hat das Netz?

Ⓐ Ⓑ Ⓒ

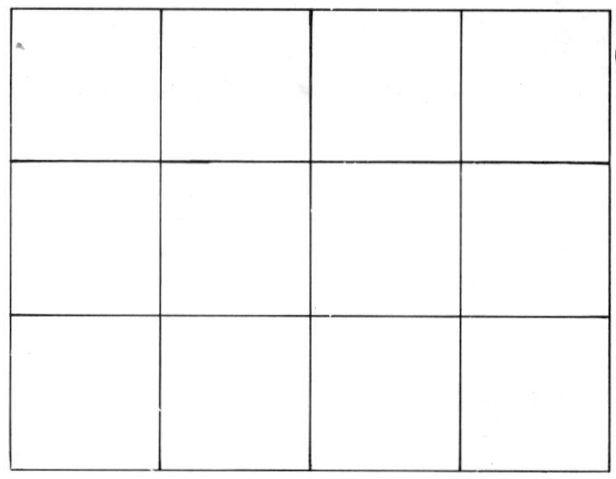

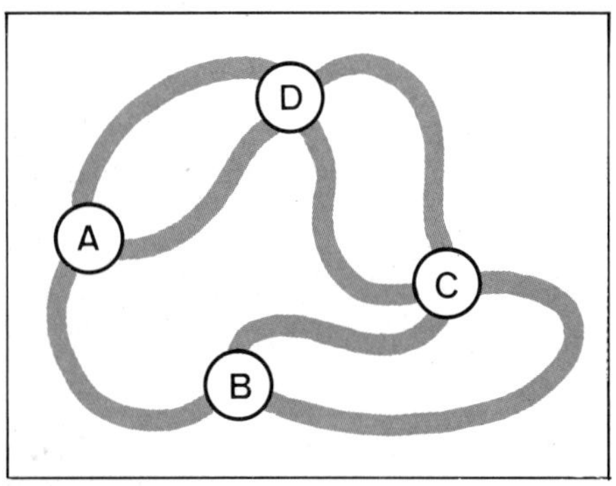

Welche Verzweigungsstellen hat das Netz?

Ⓐ Ⓑ Ⓒ Ⓓ

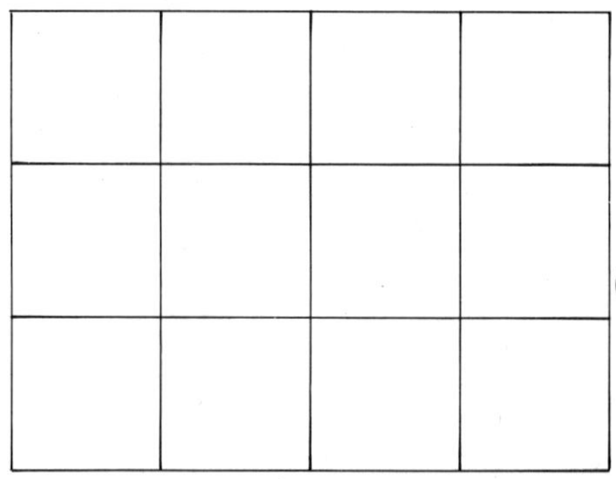

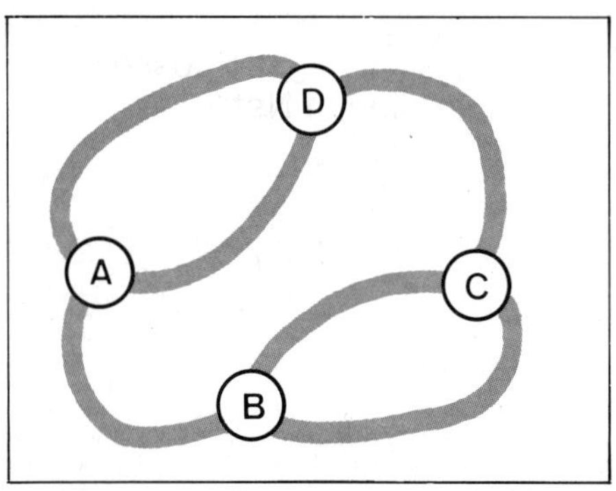

Welche Verzweigungsstellen hat das Netz?

Ⓐ Ⓑ Ⓒ Ⓓ

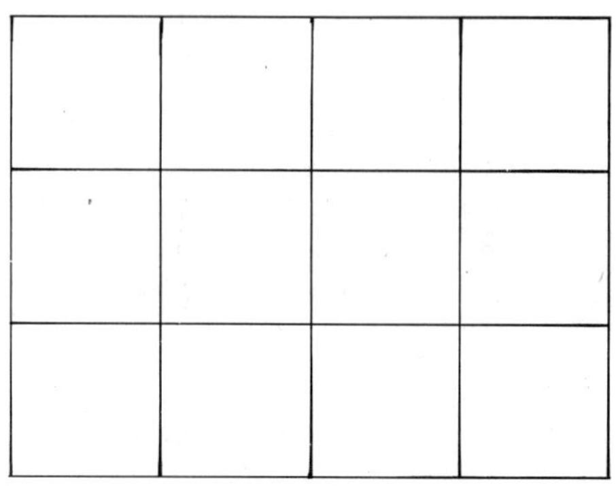

4 Welche Netze und Straßenpläne lassen sich in einem Zug durchlaufen?